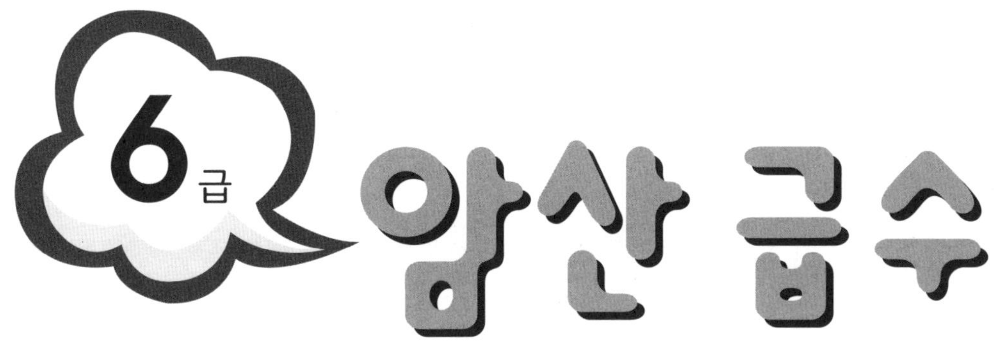

대한암산수학연구소

걸린시간 : _____ 분 _____ 초

1	2	3	4	5
7	2	5	3	4
5	9	8	7	9
4	4	7	8	4
3	6	7	4	6
8	5	3	3	2
7	3	9	7	9
3	8	2	6	7

6	7	8	9	10
8	2	6	6	2
3	6	7	7	4
4	4	3	4	8
1	4	9	3	9
6	9	8	7	4
7	8	2	6	6
8	5	7	8	3

점수		확인	

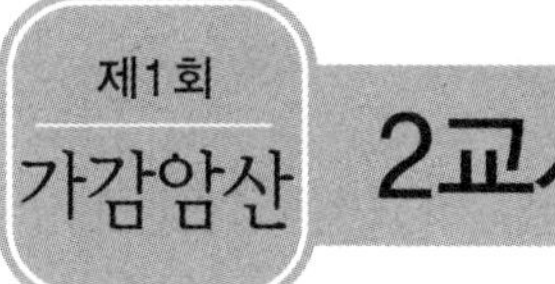

걸린시간 : _____ 분 _____ 초

1	2	3	4	5
27	59	41	69	37
−9	37	−7	5	16
33	2	18	24	8
8	17	6	19	79
68	−6	36	−8	−5

6	7	8	9	10
9	40	52	5	81
42	−1	61	37	4
72	47	5	28	15
50	38	29	−7	−3
−4	3	−9	86	26

점수 | 확인

걸린시간 : _____ 분 _____ 초

1	90	×	4	=
2	36	×	9	=
3	42	×	7	=
4	80	×	5	=
5	58	×	8	=
6	39	×	3	=
7	56	×	6	=
8	50	×	3	=
9	39	×	7	=
10	87	×	5	=
11	5	×	83	=
12	0	×	72	=
13	4	×	95	=
14	3	×	40	=
15	9	×	38	=
16	2	×	27	=
17	4	×	56	=
18	1	×	67	=
19	8	×	44	=
20	6	×	60	=

점수		확인	

걸린시간 : _____ 분 _____ 초

1	2	3	4	5
3	3	9	4	6
7	6	4	6	5
8	3	8	3	1
2	7	6	5	7
9	8	8	6	7
6	5	1	2	3
6	4	5	1	5

6	7	8	9	10
7	7	5	7	8
2	2	9	6	2
4	1	4	1	2
2	9	4	7	1
8	6	7	9	6
8	6	8	1	4
3	9	3	5	7

점수 ____　확인 ____

걸린시간 : _____ 분 _____ 초

1	2	3	4	5
37	65	92	42	72
5	7	−8	39	−4
11	73	38	8	28
78	41	4	73	8
−2	−9	15	−5	17

6	7	8	9	10
23	51	66	86	6
8	6	7	4	45
80	24	48	58	89
−7	−9	−3	37	97
97	37	59	−6	−8

점수		확인	

걸린시간 : _____ 분 _____ 초

1	60	× 2	=
2	25	× 9	=
3	31	× 7	=
4	48	× 3	=
5	14	× 6	=
6	23	× 1	=
7	50	× 8	=
8	37	× 4	=
9	29	× 6	=
10	90	× 3	=
11	4	× 94	=
12	7	× 77	=
13	1	× 27	=
14	8	× 60	=
15	5	× 32	=
16	3	× 56	=
17	0	× 83	=
18	2	× 37	=
19	6	× 20	=
20	9	× 49	=

점수 | 확인

걸린시간 : _____ 분 _____ 초

1	2	3	4	5
7	3	6	9	5
9	4	4	2	7
4	5	9	4	4
6	9	4	1	4
2	9	2	8	2
9	7	8	7	8
5	2	4	4	9

6	7	8	9	10
7	6	3	3	6
9	2	6	2	8
4	7	4	8	7
7	9	8	6	6
6	9	3	9	5
7	5	7	1	7
5	4	6	8	3

점수		확인	

제3회 가감암산 **2교시** 제한시간 : 3분

걸린시간 : _____ 분 _____ 초

1	2	3	4	5
82	17	80	23	62
-3	45	-2	77	-4
24	8	43	5	24
6	-6	25	-9	8
64	65	8	38	46

6	7	8	9	10
8	34	76	9	78
83	16	14	62	6
-7	82	40	-3	37
19	-5	2	39	-7
41	3	-8	89	68

점수 · 확인

걸린시간 : _______ 분 _______ 초

1	74	×	2	=
2	82	×	3	=
3	60	×	7	=
4	30	×	5	=
5	43	×	6	=
6	70	×	9	=
7	62	×	1	=
8	95	×	8	=
9	41	×	4	=
10	32	×	8	=
11	4	×	35	=
12	0	×	74	=
13	5	×	56	=
14	9	×	40	=
15	2	×	97	=
16	7	×	69	=
17	6	×	17	=
18	3	×	79	=
19	8	×	20	=
20	5	×	47	=

점수　　　　확인

제4회 가암산 **1교시** 제한시간 : 3분

걸린시간 : _____ 분 _____ 초

1	2	3	4	5
6	3	7	4	8
8	8	9	6	1
0	3	7	5	8
8	5	5	7	4
3	9	7	3	2
9	2	6	9	6
2	4	4	4	8

6	7	8	9	10
9	2	8	8	3
6	4	6	4	7
7	7	3	6	6
8	5	4	2	5
3	8	9	4	9
9	5	3	3	4
4	5	8	9	8

점수 ___ 확인 ___

걸린시간 : _____ 분 _____ 초

1	2	3	4	5
78	24	54	55	31
5	61	7	6	−7
45	3	19	22	67
−9	46	−8	87	5
36	−5	48	−6	49

6	7	8	9	10
63	39	23	45	87
8	5	52	8	19
74	37	8	63	70
2	79	39	−7	5
−9	−1	−3	46	−4

점수		확인	

제4회 승암산 **3교시** 제한시간 : 3분

걸린시간 : _____ 분 _____ 초

1	74	×	7	=
2	24	×	3	=
3	17	×	4	=
4	80	×	6	=
5	39	×	5	=
6	18	×	2	=
7	10	×	4	=
8	47	×	8	=
9	68	×	0	=
10	59	×	3	=
11	4	×	63	=
12	9	×	83	=
13	3	×	20	=
14	8	×	17	=
15	2	×	39	=
16	6	×	89	=
17	9	×	40	=
18	5	×	28	=
19	7	×	50	=
20	1	×	79	=

점수 확인

걸린시간 : _____ 분 _____ 초

1	2	3	4	5
2	5	9	7	8
5	4	7	6	7
4	7	2	4	4
9	8	3	4	3
6	9	4	9	9
2	6	5	3	9
4	6	8	4	3

6	7	8	9	10
9	5	2	5	9
1	7	8	8	7
8	3	9	8	1
4	2	7	9	5
5	6	2	7	9
8	8	4	4	2
7	9	3	2	2

점수		확인	

제5회 가감암산 **2교시** 　제한시간 : 3분

걸린시간 : _____ 분 _____ 초

1	2	3	4	5
72	81	43	37	19
−8	19	6	23	6
41	−5	22	5	30
6	6	−4	60	57
35	59	57	−6	−9

6	7	8	9	10
16	8	64	86	13
78	80	91	−7	49
5	73	25	55	54
42	−8	−3	3	5
−2	92	7	69	−4

점수 　　　 확인

걸린시간 : _____ 분 _____ 초

1	80 × 7 =		
2	26 × 9 =		
3	52 × 1 =		
4	30 × 8 =		
5	44 × 5 =		
6	73 × 9 =		
7	90 × 6 =		
8	67 × 3 =		
9	27 × 6 =		
10	69 × 0 =		
11	9 × 59 =		
12	7 × 83 =		
13	5 × 48 =		
14	4 × 94 =		
15	8 × 70 =		
16	6 × 24 =		
17	2 × 36 =		
18	4 × 20 =		
19	7 × 25 =		
20	3 × 67 =		

점수   확인

제6회 가암산 **1교시** 제한시간 : 3분

걸린시간 : _____ 분 _____ 초

1	2	3	4	5
4	3	9	5	8
4	8	4	9	4
9	2	3	1	9
3	9	8	4	8
2	3	2	9	3
6	1	6	8	3
8	7	7	7	2

6	7	8	9	10
4	8	2	5	1
6	2	5	4	9
1	4	8	9	4
9	2	7	2	5
4	6	4	7	8
3	8	3	5	3
9	6	2	4	4

점수   확인

걸린시간 : _____ 분 _____ 초

1	2	3	4	5
60	5	40	46	4
−8	46	−1	9	68
29	13	39	66	43
4	71	4	−7	−8
27	−6	39	94	29

6	7	8	9	10
43	3	41	58	92
9	57	4	7	8
68	21	86	49	31
13	−2	−7	56	14
−5	55	66	−3	−9

점수		확인	

걸린시간 : _____ 분 _____ 초

1	79	×	3	=
2	70	×	2	=
3	44	×	6	=
4	63	×	9	=
5	89	×	5	=
6	30	×	7	=
7	75	×	6	=
8	39	×	4	=
9	65	×	8	=
10	41	×	3	=
11	8	×	50	=
12	6	×	59	=
13	0	×	28	=
14	1	×	48	=
15	5	×	28	=
16	7	×	18	=
17	3	×	60	=
18	9	×	39	=
19	2	×	67	=
20	4	×	90	=

점수   확인

걸린시간 : _____ 분 _____ 초

1	2	3	4	5
7	6	3	5	9
3	5	3	3	2
8	4	6	9	4
7	2	7	2	4
9	2	5	5	8
4	8	4	7	3
5	9	7	5	7

6	7	8	9	10
6	7	3	4	5
3	9	8	8	4
2	2	7	6	3
8	2	6	7	9
8	8	5	5	7
7	7	0	9	2
6	4	4	2	1

점수 　　　 확인

제7회 가감암산 **2교시** 제한시간 : 3분

걸린시간 : _____ 분 _____ 초

1	2	3	4	5
67	53	93	45	37
4	24	6	59	6
−5	38	41	25	68
15	8	−1	7	−9
49	−4	32	−8	34

6	7	8	9	10
52	5	83	24	48
9	65	71	9	12
19	−6	42	48	−2
86	38	5	46	4
−7	29	−3	−8	58

점수   확인

걸린시간 : _____ 분 _____ 초

1	71	×	2	=
2	35	×	4	=
3	70	×	6	=
4	37	×	1	=
5	30	×	2	=
6	79	×	9	=
7	92	×	5	=
8	40	×	3	=
9	25	×	7	=
10	16	×	5	=
11	0	×	28	=
12	8	×	46	=
13	7	×	60	=
14	6	×	48	=
15	7	×	18	=
16	9	×	50	=
17	4	×	66	=
18	8	×	27	=
19	3	×	18	=
20	6	×	92	=

| 점수 | | 확인 | |

걸린시간 : _____ 분 _____ 초

1	2	3	4	5
8	6	9	3	8
3	4	2	1	4
2	2	8	7	8
2	4	7	4	6
9	5	3	8	7
2	2	6	7	3
4	3	5	6	7

6	7	8	9	10
2	8	2	9	4
9	2	6	4	7
6	4	5	7	9
5	6	7	2	1
3	9	3	1	6
1	3	9	3	7
7	2	8	5	5

점수 | 확인

걸린시간 : _____ 분 _____ 초

1	2	3	4	5
33	57	31	72	35
6	6	6	49	−6
51	28	16	−4	58
−2	15	77	9	3
35	−9	−1	38	89

6	7	8	9	10
35	27	81	37	40
3	−8	37	55	66
58	68	24	−5	84
26	4	3	7	6
−3	69	−6	35	−7

점수		확인	

제8회
승암산 **3교시**

제한시간 : 3분

걸린시간 : _____ 분 _____ 초

1	50	× 2	=
2	37	× 4	=
3	10	× 9	=
4	22	× 4	=
5	14	× 7	=
6	90	× 5	=
7	38	× 6	=
8	64	× 3	=
9	48	× 5	=
10	26	× 8	=
11	7	× 20	=
12	3	× 36	=
13	0	× 87	=
14	9	× 58	=
15	4	× 54	=
16	2	× 97	=
17	6	× 18	=
18	8	× 47	=
19	6	× 30	=
20	1	× 29	=

점수

확인

걸린시간 : _____ 분 _____ 초

1	2	3	4	5
6	4	7	8	6
5	2	8	3	2
4	8	5	0	6
8	6	6	8	3
9	8	9	2	2
0	1	3	7	6
6	6	2	6	2

6	7	8	9	10
9	3	4	6	2
4	7	3	3	9
9	6	7	2	0
8	4	6	8	8
7	9	5	7	5
2	0	4	9	4
1	2	3	4	5

점수 　　　 확인

제9회
가감암산 **2교시**
제한시간 : 3분

걸린시간 : _____ 분 _____ 초

1	2	3	4	5
45	76	4	6	80
−6	7	71	57	−1
67	−4	87	54	68
5	15	−3	29	34
37	36	76	−7	8

6	7	8	9	10
39	82	16	89	41
3	−4	5	3	28
65	37	72	22	96
24	6	49	−5	8
−8	57	−5	66	−9

점수		확인	

걸린시간 : _____ 분 _____ 초

1	79	×	4	=
2	50	×	8	=
3	88	×	7	=
4	45	×	6	=
5	67	×	4	=
6	64	×	9	=
7	52	×	0	=
8	11	×	3	=
9	89	×	5	=
10	90	×	2	=
11	5	×	47	=
12	3	×	33	=
13	9	×	59	=
14	1	×	35	=
15	8	×	60	=
16	6	×	70	=
17	4	×	53	=
18	2	×	76	=
19	5	×	30	=
20	7	×	82	=

점수		확인	

제10회 가암산 1교시

제한시간 : 3분

걸린시간 : _____ 분 _____ 초

1	2	3	4	5
2	4	7	6	2
7	9	8	7	1
6	8	4	6	8
8	6	3	4	6
5	7	1	4	7
9	5	2	5	5
8	4	9	5	9

6	7	8	9	10
9	3	4	7	3
8	7	7	5	9
4	8	1	0	8
9	6	0	6	7
8	0	5	4	0
7	4	4	8	5
6	2	8	9	6

점수		확인	

걸린시간 : _____ 분 _____ 초

1	2	3	4	5
32	69	30	38	75
−8	23	−9	4	4
76	11	45	50	22
5	8	6	98	60
43	−3	57	−1	−2

6	7	8	9	10
83	2	36	41	56
2	89	−8	19	7
−7	−5	22	68	97
14	24	7	2	−6
50	64	89	−3	46

점수		확인	

제10회 승암산 **3교시** 제한시간 : 3분

걸린시간 : _____ 분 _____ 초

1	78	×	6	=
2	12	×	7	=
3	72	×	4	=
4	20	×	3	=
5	46	×	2	=
6	86	×	8	=
7	57	×	0	=
8	94	×	6	=
9	40	×	9	=
10	38	×	5	=
11	1	×	28	=
12	9	×	50	=
13	5	×	23	=
14	7	×	98	=
15	4	×	70	=
16	2	×	32	=
17	9	×	65	=
18	7	×	10	=
19	6	×	24	=
20	3	×	87	=

점수		확인	

걸린시간 : _____ 분 _____ 초

1	2	3	4	5
1	8	4	3	4
5	8	9	9	9
7	9	8	2	3
8	2	3	2	0
3	4	3	7	5
2	4	2	4	4
4	3	4	6	8

6	7	8	9	10
4	3	6	8	2
7	6	5	7	8
6	8	4	4	8
9	5	2	3	4
7	1	2	2	9
4	2	5	4	8
3	4	7	6	7

점수　　　확인

걸린시간 : _____ 분 _____ 초

1	2	3	4	5
84	74	76	89	6
7	3	3	55	36
44	18	27	78	20
−6	−6	75	9	−5
50	27	−8	−2	33

6	7	8	9	10
4	77	5	32	76
14	5	69	6	6
57	64	42	19	49
67	−7	87	76	50
−4	76	−9	−5	−3

점수 / 확인

걸린시간 : _____ 분 _____ 초

1	40	×	2	=
2	72	×	5	=
3	13	×	7	=
4	26	×	4	=
5	30	×	3	=
6	65	×	9	=
7	54	×	0	=
8	36	×	2	=
9	70	×	1	=
10	88	×	6	=
11	4	×	38	=
12	6	×	90	=
13	8	×	56	=
14	5	×	29	=
15	7	×	64	=
16	3	×	44	=
17	8	×	80	=
18	9	×	23	=
19	2	×	17	=
20	1	×	94	=

점수 　　　 확인

제12회 가암산 **1교시** 제한시간 : 3분

걸린시간 : _____ 분 _____ 초

1	2	3	4	5
7	5	2	4	1
8	9	8	8	7
4	3	5	9	7
5	2	4	4	8
8	8	8	3	4
9	4	7	2	9
7	6	6	1	7

6	7	8	9	10
7	9	4	5	3
6	4	8	6	2
9	2	1	8	8
2	3	4	2	6
7	8	6	4	5
2	4	4	9	9
2	7	6	7	5

<table>
<tr><td>점
수</td><td></td><td>확
인</td><td></td></tr>
</table>

걸린시간 : _____ 분 _____ 초

1	2	3	4	5
30	26	97	7	3
−1	30	−8	66	48
88	66	70	14	36
7	−3	35	58	−8
16	5	8	−6	65

6	7	8	9	10
41	35	25	60	49
98	−6	72	17	6
57	8	8	6	58
6	45	−7	−5	−9
−4	67	38	89	71

점수 |

확인 |

대한 암산 수학 연구소

걸린시간 : _____ 분 _____ 초

1	91	×	2	=
2	10	×	7	=
3	72	×	2	=
4	25	×	3	=
5	57	×	9	=
6	86	×	1	=
7	13	×	8	=
8	80	×	4	=
9	64	×	0	=
10	79	×	7	=
11	6	×	28	=
12	5	×	30	=
13	4	×	94	=
14	8	×	54	=
15	7	×	46	=
16	3	×	17	=
17	5	×	60	=
18	6	×	33	=
19	2	×	58	=
20	9	×	40	=

점수　　　확인

1교시

제한시간 : 3분

걸린시간 : _____ 분 _____ 초

1	2	3	4	5
2	4	7	8	6
7	3	1	9	0
6	2	2	5	5
2	4	6	5	1
4	5	8	8	7
6	8	9	6	9
8	1	1	7	8

6	7	8	9	10
4	9	5	9	4
8	7	6	6	1
4	2	5	1	6
1	1	7	9	5
9	9	8	2	5
3	4	7	5	2
2	6	6	5	7

<table>
<tr><td>점수</td><td></td><td>확인</td><td></td></tr>
</table>

2교시

제한시간 : 3분

걸린시간 : _____ 분 _____ 초

1	2	3	4	5
34	9	59	18	8
8	66	7	70	53
45	35	−6	46	29
−8	94	36	7	81
29	−5	48	−3	−2

6	7	8	9	10
64	36	7	9	15
8	7	40	45	4
87	79	65	12	71
56	−8	98	81	−1
−6	38	−4	−9	27

점수 | 확인

걸린시간 : _____ 분 _____ 초

#	식			
1	47	×	2	=
2	70	×	8	=
3	29	×	3	=
4	42	×	9	=
5	92	×	8	=
6	30	×	7	=
7	23	×	1	=
8	66	×	2	=
9	87	×	0	=
10	21	×	5	=
11	3	×	78	=
12	7	×	23	=
13	6	×	50	=
14	3	×	40	=
15	5	×	48	=
16	2	×	66	=
17	4	×	58	=
18	9	×	48	=
19	6	×	90	=
20	4	×	39	=

점수 / 확인

제14회 가암산 **1교시** 제한시간 : 3분

걸린시간 : _____ 분 _____ 초

1	2	3	4	5
4	6	6	8	2
8	6	1	7	4
7	4	3	6	8
9	1	1	8	7
8	0	2	5	6
1	8	6	2	4
1	5	7	3	4

6	7	8	9	10
4	2	4	9	6
3	4	3	8	1
7	9	4	4	5
3	3	7	2	8
1	6	1	8	3
9	5	3	1	4
5	8	8	3	9

점수   확인

걸린시간 : _____ 분 _____ 초

1	2	3	4	5
64	3	56	75	39
8	91	8	2	3
88	64	44	47	72
13	35	13	58	24
−5	−5	−3	−8	−9

6	7	8	9	10
19	45	81	37	64
7	96	−2	19	2
66	27	54	75	−7
29	4	3	4	37
−4	−8	27	−6	45

점수		확인	

제14회
승암산 **3교시** 제한시간 : 3분

걸린시간 : _____ 분 _____ 초

1	71	×	8	=
2	47	×	6	=
3	90	×	4	=
4	37	×	9	=
5	62	×	3	=
6	40	×	2	=
7	28	×	5	=
8	57	×	6	=
9	10	×	8	=
10	18	×	7	=
11	7	×	29	=
12	1	×	64	=
13	4	×	50	=
14	0	×	46	=
15	3	×	82	=
16	9	×	16	=
17	2	×	84	=
18	4	×	30	=
19	5	×	74	=
20	8	×	52	=

점수		확인	

걸린시간 : _____ 분 _____ 초

1	2	3	4	5
6	4	6	4	2
2	6	4	7	6
8	3	2	8	6
4	3	3	9	8
5	1	3	4	2
7	6	8	2	5
5	4	9	2	7

6	7	8	9	10
3	5	9	6	8
2	4	6	9	4
7	9	5	6	0
9	4	3	5	2
5	8	2	3	4
9	6	7	2	3
4	9	6	7	7

점수 　　확인

2교시

제한시간 : 3분

걸린시간 : _____ 분 _____ 초

1	2	3	4	5
72	6	46	77	89
1	74	8	54	6
−5	−7	71	−8	38
69	17	12	7	−5
57	29	−9	47	39

6	7	8	9	10
34	22	74	7	76
29	58	5	46	5
5	−7	31	15	−4
77	4	−2	62	83
−6	32	60	−3	41

점수 　　　　확인

걸린시간 : _____ 분 _____ 초

1	78	× 6	=
2	43	× 3	=
3	97	× 7	=
4	86	× 2	=
5	40	× 4	=
6	52	× 9	=
7	80	× 5	=
8	43	× 3	=
9	37	× 4	=
10	72	× 8	=
11	7	× 60	=
12	6	× 29	=
13	2	× 53	=
14	0	× 72	=
15	1	× 91	=
16	5	× 20	=
17	7	× 38	=
18	9	× 54	=
19	4	× 90	=
20	8	× 46	=

점수

확인

제16회
가암산 **1교시** 제한시간 : 3분

걸린시간 : _____ 분 _____ 초

1	2	3	4	5
9	7	8	6	4
2	4	2	2	5
3	1	6	9	4
2	4	2	5	1
7	8	7	5	8
6	2	4	6	9
3	4	3	3	4

6	7	8	9	10
6	4	4	9	4
9	7	5	7	6
3	4	2	3	8
2	8	9	2	5
7	2	7	7	2
1	6	6	1	9
4	6	4	8	5

점수 [ ] 확인 [ ]

걸린시간 : _____ 분 _____ 초

1	2	3	4	5
38	8	81	24	4
2	66	7	8	61
85	36	74	32	25
17	−9	53	−5	30
−8	21	−6	28	−3

6	7	8	9	10
46	87	26	81	16
−8	4	−7	43	6
52	−2	45	6	77
9	63	7	50	98
57	42	37	−1	−9

점수   확인

3교시

제한시간 : 3분

걸린시간 : _____ 분 _____ 초

1	82	×	9	=
2	15	×	7	=
3	86	×	2	=
4	50	×	6	=
5	67	×	9	=
6	70	×	3	=
7	82	×	1	=
8	64	×	0	=
9	29	×	7	=
10	76	×	5	=
11	9	×	28	=
12	6	×	40	=
13	8	×	83	=
14	3	×	68	=
15	9	×	80	=
16	4	×	79	=
17	5	×	64	=
18	8	×	97	=
19	3	×	82	=
20	2	×	10	=

점수

확인

걸린시간 : _____ 분 _____ 초

1	2	3	4	5
6	4	2	6	6
2	9	8	3	2
6	4	8	2	2
3	9	4	7	5
4	5	9	9	0
8	4	8	5	6
5	8	7	6	8

6	7	8	9	10
7	3	4	2	5
9	8	9	4	1
7	3	3	9	2
8	9	3	4	2
3	8	8	2	2
2	7	3	7	4
1	4	9	6	6

점수　　확인

제17회
가감암산 **2교시** 제한시간 : 3분

걸린시간 : _____ 분 _____ 초

1	2	3	4	5
71	12	39	84	94
9	5	55	3	2
−2	63	27	29	47
13	40	2	−7	−4
68	−1	−9	45	50

6	7	8	9	10
78	33	58	38	6
6	8	6	5	79
41	84	85	92	27
15	−6	24	−6	−5
−3	55	−5	17	90

점수　　확인

걸린시간 : _____ 분 _____ 초

1	70	×	8	=
2	42	×	4	=
3	38	×	2	=
4	22	×	7	=
5	56	×	6	=
6	54	×	5	=
7	78	×	9	=
8	50	×	3	=
9	37	×	0	=
10	26	×	1	=
11	7	×	58	=
12	2	×	76	=
13	6	×	40	=
14	9	×	94	=
15	4	×	77	=
16	5	×	86	=
17	7	×	32	=
18	3	×	90	=
19	6	×	30	=
20	8	×	29	=

점수		확인	

제18회 가암산 · **1교시** · 제한시간 : 3분

걸린시간 : _____ 분 _____ 초

1	2	3	4	5
6	8	7	6	4
6	0	9	3	6
8	1	5	2	7
3	6	9	7	9
5	8	4	9	7
4	9	6	5	4
7	5	9	9	3

6	7	8	9	10
3	6	6	9	7
2	3	8	5	1
9	4	6	4	4
7	8	7	6	5
8	7	4	7	3
5	5	3	3	2
3	6	6	2	9

점수 ☐ 확인 ☐

걸린시간 : _____ 분 _____ 초

1	2	3	4	5
27	79	80	54	19
−8	47	−6	38	57
67	15	68	93	4
4	−7	9	7	−8
39	3	45	−4	39

6	7	8	9	10
54	32	42	81	71
9	−9	15	4	95
47	46	76	95	46
−5	8	7	−2	3
89	66	−3	23	−9

점 수 　　　　확 인

걸린시간 : _____ 분 _____ 초

1	54	×	9	=
2	60	×	2	=
3	32	×	6	=
4	64	×	5	=
5	48	×	9	=
6	47	×	8	=
7	80	×	4	=
8	19	×	3	=
9	30	×	7	=
10	93	×	6	=
11	4	×	95	=
12	5	×	46	=
13	3	×	37	=
14	8	×	40	=
15	7	×	19	=
16	9	×	93	=
17	1	×	56	=
18	0	×	77	=
19	2	×	82	=
20	6	×	70	=

점수　　　확인

걸린시간 : _____ 분 _____ 초

1	2	3	4	5
6	4	7	8	4
8	7	0	8	9
2	8	9	6	8
2	4	3	4	5
5	2	8	3	3
4	6	7	4	5
3	9	6	6	6

6	7	8	9	10
3	5	9	3	3
7	5	7	3	8
8	7	5	5	5
8	4	7	8	3
5	8	6	9	2
4	9	3	7	9
3	7	2	8	6

점수		확인	

제19회 가감암산 2교시 제한시간 : 3분

걸린시간 : _____ 분 _____ 초

1	2	3	4	5
44	5	37	56	74
7	47	−9	23	1
41	58	75	74	−8
−5	−2	67	9	33
29	16	6	−8	97

6	7	8	9	10
55	6	80	45	6
97	83	−6	−7	35
35	56	8	87	65
3	67	69	3	14
−6	−4	24	90	−3

점수		확인	

걸린시간 : _____ 분 _____ 초

1	70	×	3	=
2	58	×	8	=
3	68	×	4	=
4	72	×	9	=
5	47	×	6	=
6	90	×	5	=
7	12	×	9	=
8	40	×	3	=
9	82	×	7	=
10	48	×	2	=
11	3	×	45	=
12	2	×	87	=
13	6	×	20	=
14	1	×	39	=
15	7	×	56	=
16	0	×	97	=
17	5	×	83	=
18	4	×	62	=
19	8	×	71	=
20	7	×	80	=

점수　　　확인

제20회 가암산 **1교시** 제한시간 : 3분

걸린시간 : _____ 분 _____ 초

1	2	3	4	5
8	8	3	9	5
7	9	6	7	9
6	6	7	3	4
8	4	2	2	0
5	3	9	4	7
2	2	8	5	2
3	8	4	4	8

6	7	8	9	10
8	6	4	6	9
5	2	8	2	8
6	3	4	6	4
8	4	7	3	5
1	9	4	2	8
7	2	3	6	6
9	9	8	2	4

점수 　　　 확인 　　　

걸린시간 : _____ 분 _____ 초

1	2	3	4	5
81	12	7	28	39
8	7	65	6	40
27	92	87	86	3
15	−8	32	−4	78
−7	46	−3	13	−6

6	7	8	9	10
81	22	24	3	95
−7	5	92	76	7
58	87	6	42	86
7	56	−5	−2	53
49	−1	59	65	−9

점수 　　확인

3교시

제한시간 : 3분

걸린시간 : _____ 분 _____ 초

1	79	×	3	=
2	36	×	4	=
3	70	×	7	=
4	83	×	6	=
5	23	×	9	=
6	49	×	0	=
7	91	×	3	=
8	68	×	1	=
9	30	×	7	=
10	42	×	8	=
11	4	×	13	=
12	5	×	89	=
13	6	×	20	=
14	9	×	25	=
15	2	×	90	=
16	8	×	45	=
17	2	×	71	=
18	5	×	36	=
19	7	×	50	=
20	3	×	64	=

점수		확인	

제한시간 : 3분

걸린시간 : _____ 분 _____ 초

1	2	3	4	5
4	3	4	9	4
7	7	7	3	5
6	2	9	4	9
8	3	8	8	4
5	7	6	7	6
3	5	5	9	5
2	7	6	8	3

6	7	8	9	10
8	7	2	9	2
4	8	9	7	3
6	0	1	4	6
9	5	3	2	8
2	4	4	9	9
6	8	6	1	7
5	7	7	3	5

점수 / 확인

제21회 **가감암산** **2교시** 제한시간 : 3분

걸린시간 : _____ 분 _____ 초

1	2	3	4	5
62	86	68	5	3
8	5	7	97	77
16	−2	44	−5	56
−8	29	23	24	41
70	78	−5	38	−9

6	7	8	9	10
73	92	4	7	46
7	5	82	35	7
68	48	65	48	83
12	−6	39	−3	55
−6	50	−4	90	−7

점수		확인	

걸린시간 : _____ 분 _____ 초

1	50	×	4	=
2	27	×	7	=
3	47	×	6	=
4	89	×	9	=
5	33	×	0	=
6	40	×	8	=
7	91	×	5	=
8	62	×	3	=
9	18	×	2	=
10	49	×	1	=
11	2	×	37	=
12	6	×	94	=
13	8	×	24	=
14	3	×	20	=
15	6	×	90	=
16	7	×	86	=
17	9	×	42	=
18	4	×	79	=
19	3	×	54	=
20	5	×	50	=

점수　　　확인

제22회 가암산 · **1교시** · 제한시간 : 3분

걸린시간 : _____ 분 _____ 초

1	2	3	4	5
6	8	6	7	3
8	8	7	3	6
6	9	4	2	7
3	2	8	4	6
4	4	2	1	4
6	6	4	5	3
5	5	7	8	8

6	7	8	9	10
4	2	3	8	6
2	5	7	9	5
4	8	6	4	8
9	7	8	0	9
5	2	6	4	7
7	4	7	3	0
4	6	4	1	3

점수 | 확인

걸린시간 : _____ 분 _____ 초

1	2	3	4	5
75	47	35	15	42
4	6	8	33	89
15	12	-9	2	6
26	65	24	95	-9
-7	-3	91	-6	17

6	7	8	9	10
34	71	29	3	44
7	56	30	67	37
23	3	46	-8	63
-5	-2	5	50	1
54	58	-1	85	-6

점수　확인

3교시

제한시간 : 3분

걸린시간 : _____ 분 _____ 초

1	66	×	2	=
2	70	×	9	=
3	21	×	8	=
4	30	×	5	=
5	42	×	4	=
6	47	×	3	=
7	80	×	2	=
8	57	×	7	=
9	13	×	6	=
10	84	×	5	=
11	4	×	78	=
12	7	×	90	=
13	5	×	68	=
14	6	×	17	=
15	3	×	86	=
16	9	×	45	=
17	8	×	60	=
18	7	×	69	=
19	1	×	45	=
20	0	×	99	=

점수

확인

걸린시간 : _____ 분 _____ 초

1	2	3	4	5
5	8	9	3	6
8	8	2	8	8
0	6	7	9	5
5	1	6	4	2
4	3	4	8	2
6	7	3	7	4
7	9	1	5	6

6	7	8	9	10
5	6	7	2	9
6	2	2	9	4
2	3	8	4	8
1	9	5	3	4
8	2	6	1	7
9	8	5	6	4
7	7	4	9	2

점수 　　　 확인

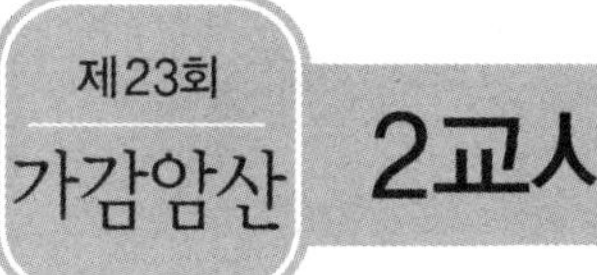

걸린시간 : _____ 분 _____ 초

1	2	3	4	5
35	87	67	7	26
−6	5	−8	68	83
32	28	34	16	7
8	−9	5	−5	94
60	36	47	53	−2

6	7	8	9	10
51	68	5	42	14
84	5	87	4	26
5	38	43	71	−1
−7	−3	−6	53	79
12	90	21	−9	4

점수		확인	

걸린시간 : _____ 분 _____ 초

1	50	×	7	=
2	34	×	6	=
3	73	×	4	=
4	30	×	5	=
5	26	×	7	=
6	71	×	5	=
7	40	×	7	=
8	49	×	2	=
9	68	×	9	=
10	93	×	4	=
11	4	×	70	=
12	2	×	46	=
13	3	×	57	=
14	9	×	39	=
15	8	×	42	=
16	0	×	38	=
17	6	×	78	=
18	8	×	27	=
19	1	×	90	=
20	3	×	31	=

점수		확인	

제24회 가암산 1교시

제한시간 : 3분

걸린시간 : _____ 분 _____ 초

1	2	3	4	5
2	2	6	4	6
6	7	2	6	8
0	6	6	5	7
8	9	8	8	2
9	8	7	9	2
4	7	6	0	7
5	6	9	3	2

6	7	8	9	10
3	9	4	8	2
4	4	2	8	5
6	2	3	4	4
5	3	8	4	6
7	8	4	6	9
6	4	7	7	2
9	7	3	3	6

점수 □ 확인 □

걸린시간 : _____ 분 _____ 초

1	2	3	4	5
32	32	8	46	24
5	9	62	3	19
76	−4	56	38	−5
87	13	−8	−8	74
−7	68	70	79	8

6	7	8	9	10
93	34	37	55	12
5	8	29	83	76
−9	83	4	2	44
23	46	60	−6	−3
56	−2	−1	41	9

점수		확인	

제24회 승암산 **3교시**   제한시간 : 3분

걸린시간 : _____ 분 _____ 초

1	70	×	9	=
2	50	×	4	=
3	84	×	3	=
4	57	×	7	=
5	91	×	2	=
6	45	×	9	=
7	39	×	5	=
8	78	×	4	=
9	40	×	9	=
10	43	×	8	=
11	0	×	17	=
12	3	×	44	=
13	5	×	80	=
14	3	×	75	=
15	6	×	49	=
16	8	×	48	=
17	2	×	31	=
18	1	×	26	=
19	6	×	58	=
20	7	×	60	=

점수 확인

걸린시간 : _____ 분 _____ 초

1	2	3	4	5
2	7	9	6	5
6	7	3	2	4
4	6	4	8	7
5	8	2	4	2
7	5	9	7	3
6	8	2	3	5
8	1	4	9	4

6	7	8	9	10
4	7	8	5	3
8	4	7	0	9
5	5	8	9	7
1	9	6	4	8
7	8	5	3	5
4	1	7	6	4
3	3	8	7	3

점수 ☐　　확인 ☐

제한시간 : 3분

걸린시간 : _____ 분 _____ 초

1	2	3	4	5
20	43	53	35	15
−6	2	6	86	2
38	65	41	−7	−9
6	−4	−2	23	46
78	90	19	8	81

6	7	8	9	10
5	41	98	97	52
34	−5	12	74	65
72	52	−1	−7	4
−3	19	54	30	19
62	3	6	4	−6

점수		확인	

걸린시간 : _____ 분 _____ 초

#				
1	38	×	2	=
2	90	×	5	=
3	68	×	3	=
4	56	×	7	=
5	10	×	8	=
6	52	×	5	=
7	43	×	9	=
8	62	×	2	=
9	17	×	0	=
10	20	×	7	=
11	6	×	28	=
12	6	×	43	=
13	4	×	50	=
14	9	×	11	=
15	3	×	45	=
16	1	×	56	=
17	5	×	79	=
18	4	×	35	=
19	8	×	60	=
20	9	×	27	=

점수   확인

정답

제1회

2쪽 _ 1교시
① 37 ② 37 ③ 41 ④ 38 ⑤ 41
⑥ 37 ⑦ 38 ⑧ 42 ⑨ 41 ⑩ 36

3쪽 _ 2교시
① 127 ② 109 ③ 94 ④ 109 ⑤ 135
⑥ 169 ⑦ 127 ⑧ 138 ⑨ 149 ⑩ 123

4쪽 _ 3교시
① 360 ② 324 ③ 294 ④ 400 ⑤ 464
⑥ 117 ⑦ 336 ⑧ 150 ⑨ 273 ⑩ 435
⑪ 415 ⑫ 0 ⑬ 380 ⑭ 120 ⑮ 342
⑯ 54 ⑰ 224 ⑱ 67 ⑲ 352 ⑳ 360

제2회

5쪽 _ 1교시
① 41 ② 36 ③ 41 ④ 27 ⑤ 34
⑥ 34 ⑦ 40 ⑧ 40 ⑨ 36 ⑩ 30

6쪽 _ 2교시
① 129 ② 177 ③ 141 ④ 157 ⑤ 121
⑥ 201 ⑦ 109 ⑧ 177 ⑨ 179 ⑩ 229

7쪽 _ 3교시
① 120 ② 225 ③ 217 ④ 144 ⑤ 84
⑥ 23 ⑦ 400 ⑧ 148 ⑨ 174 ⑩ 270
⑪ 376 ⑫ 539 ⑬ 27 ⑭ 480 ⑮ 160
⑯ 168 ⑰ 0 ⑱ 74 ⑲ 120 ⑳ 441

제3회

8쪽 _ 1교시
① 42 ② 39 ③ 37 ④ 35 ⑤ 39
⑥ 45 ⑦ 42 ⑧ 37 ⑨ 37 ⑩ 42

9쪽 _ 2교시
① 173 ② 129 ③ 154 ④ 134 ⑤ 136
⑥ 144 ⑦ 130 ⑧ 124 ⑨ 196 ⑩ 182

10쪽 _ 3교시
① 148 ② 246 ③ 420 ④ 150 ⑤ 258
⑥ 630 ⑦ 62 ⑧ 760 ⑨ 164 ⑩ 256
⑪ 140 ⑫ 0 ⑬ 280 ⑭ 360 ⑮ 194
⑯ 483 ⑰ 102 ⑱ 237 ⑲ 160 ⑳ 235

제4회

11쪽 _ 1교시
① 36 ② 34 ③ 45 ④ 38 ⑤ 37
⑥ 46 ⑦ 36 ⑧ 41 ⑨ 36 ⑩ 42

12쪽 _ 2교시
① 155 ② 129 ③ 120 ④ 164 ⑤ 145
⑥ 138 ⑦ 159 ⑧ 119 ⑨ 155 ⑩ 177

13쪽 _ 3교시
① 518 ② 72 ③ 68 ④ 480 ⑤ 195
⑥ 36 ⑦ 40 ⑧ 376 ⑨ 0 ⑩ 177
⑪ 252 ⑫ 747 ⑬ 60 ⑭ 136 ⑮ 78
⑯ 534 ⑰ 360 ⑱ 140 ⑲ 350 ⑳ 79

제5회

14쪽 _ 1교시
① 32 ② 45 ③ 38 ④ 37 ⑤ 43
⑥ 42 ⑦ 40 ⑧ 35 ⑨ 43 ⑩ 35

15쪽 _ 2교시
① 146 ② 160 ③ 124 ④ 119 ⑤ 103
⑥ 139 ⑦ 245 ⑧ 184 ⑨ 206 ⑩ 117

16쪽 _ 3교시
① 560 ② 234 ③ 52 ④ 240 ⑤ 220
⑥ 657 ⑦ 540 ⑧ 201 ⑨ 162 ⑩ 0
⑪ 531 ⑫ 581 ⑬ 240 ⑭ 376 ⑮ 560
⑯ 144 ⑰ 72 ⑱ 80 ⑲ 175 ⑳ 201

제6회

17쪽 _ 1교시
① 36 ② 33 ③ 39 ④ 43 ⑤ 37
⑥ 36 ⑦ 36 ⑧ 31 ⑨ 36 ⑩ 34

18쪽 _ 2교시
① 112 ② 129 ③ 121 ④ 208 ⑤ 136
⑥ 128 ⑦ 134 ⑧ 190 ⑨ 167 ⑩ 136

19쪽 _ 3교시
① 237 ② 140 ③ 264 ④ 567 ⑤ 445
⑥ 210 ⑦ 450 ⑧ 156 ⑨ 520 ⑩ 123
⑪ 400 ⑫ 354 ⑬ 0 ⑭ 48 ⑮ 140
⑯ 126 ⑰ 180 ⑱ 351 ⑲ 134 ⑳ 360

제7회

20쪽 _ 1교시
① 43 ② 36 ③ 35 ④ 36 ⑤ 37
⑥ 40 ⑦ 39 ⑧ 33 ⑨ 41 ⑩ 31

21쪽 _ 2교시
① 130 ② 119 ③ 171 ④ 128 ⑤ 136
⑥ 159 ⑦ 131 ⑧ 198 ⑨ 119 ⑩ 120

22쪽 _ 3교시
① 142 ② 140 ③ 420 ④ 37 ⑤ 60
⑥ 711 ⑦ 460 ⑧ 120 ⑨ 175 ⑩ 80
⑪ 0 ⑫ 368 ⑬ 420 ⑭ 288 ⑮ 126
⑯ 450 ⑰ 264 ⑱ 216 ⑲ 54 ⑳ 552

제8회

23쪽 _ 1교시
① 30 ② 26 ③ 40 ④ 36 ⑤ 43
⑥ 33 ⑦ 34 ⑧ 40 ⑨ 31 ⑩ 39

24쪽 _ 2교시
① 123 ② 97 ③ 129 ④ 164 ⑤ 179
⑥ 119 ⑦ 160 ⑧ 139 ⑨ 129 ⑩ 189

25쪽 _ 3교시
① 100 ② 148 ③ 90 ④ 88 ⑤ 98
⑥ 450 ⑦ 228 ⑧ 192 ⑨ 240 ⑩ 208
⑪ 140 ⑫ 108 ⑬ 0 ⑭ 522 ⑮ 216
⑯ 194 ⑰ 108 ⑱ 376 ⑲ 180 ⑳ 29

26쪽 _ 1교시

① 38 ② 35 ③ 40 ④ 34 ⑤ 27
⑥ 40 ⑦ 31 ⑧ 32 ⑨ 39 ⑩ 33

27쪽 _ 2교시

① 148 ② 130 ③ 235 ④ 139 ⑤ 189
⑥ 123 ⑦ 178 ⑧ 137 ⑨ 175 ⑩ 164

28쪽 _ 3교시

① 316 ② 400 ③ 616 ④ 270 ⑤ 268
⑥ 576 ⑦ 0 ⑧ 33 ⑨ 445 ⑩ 180
⑪ 235 ⑫ 99 ⑬ 531 ⑭ 35 ⑮ 480
⑯ 420 ⑰ 212 ⑱ 152 ⑲ 150 ⑳ 574

제10회

29쪽 _ 1교시

① 45 ② 43 ③ 34 ④ 37 ⑤ 38
⑥ 51 ⑦ 30 ⑧ 29 ⑨ 39 ⑩ 38

30쪽 _ 2교시

① 148 ② 108 ③ 129 ④ 189 ⑤ 159
⑥ 142 ⑦ 174 ⑧ 146 ⑨ 127 ⑩ 200

31쪽 _ 3교시

① 468 ② 84 ③ 288 ④ 60 ⑤ 92
⑥ 688 ⑦ 0 ⑧ 564 ⑨ 360 ⑩ 190
⑪ 28 ⑫ 450 ⑬ 115 ⑭ 686 ⑮ 280
⑯ 64 ⑰ 585 ⑱ 70 ⑲ 144 ⑳ 261

제11회

32쪽 _ 1교시

① 30 ② 38 ③ 33 ④ 33 ⑤ 33
⑥ 40 ⑦ 29 ⑧ 31 ⑨ 34 ⑩ 46

33쪽 _ 2교시

① 179 ② 116 ③ 173 ④ 229 ⑤ 90
⑥ 138 ⑦ 215 ⑧ 194 ⑨ 128 ⑩ 178

34쪽 _ 3교시

① 80 ② 360 ③ 91 ④ 104 ⑤ 90
⑥ 585 ⑦ 0 ⑧ 72 ⑨ 70 ⑩ 528
⑪ 152 ⑫ 540 ⑬ 448 ⑭ 145 ⑮ 448
⑯ 132 ⑰ 640 ⑱ 207 ⑲ 34 ⑳ 94

제12회

35쪽 _ 1교시

① 48 ② 37 ③ 40 ④ 31 ⑤ 43
⑥ 35 ⑦ 37 ⑧ 33 ⑨ 41 ⑩ 38

36쪽 _ 2교시

① 140 ② 124 ③ 202 ④ 139 ⑤ 144
⑥ 198 ⑦ 149 ⑧ 136 ⑨ 167 ⑩ 175

37쪽 _ 3교시

① 182 ② 70 ③ 144 ④ 75 ⑤ 513
⑥ 86 ⑦ 104 ⑧ 320 ⑨ 0 ⑩ 553
⑪ 168 ⑫ 150 ⑬ 376 ⑭ 432 ⑮ 322
⑯ 51 ⑰ 300 ⑱ 198 ⑲ 116 ⑳ 360

제13회

38쪽 _ 1교시

① 35 ② 27 ③ 34 ④ 48 ⑤ 36
⑥ 31 ⑦ 38 ⑧ 44 ⑨ 37 ⑩ 30

39쪽 _ 2교시

① 108 ② 199 ③ 144 ④ 138 ⑤ 169
⑥ 209 ⑦ 152 ⑧ 206 ⑨ 138 ⑩ 116

40쪽 _ 3교시

① 94 ② 560 ③ 87 ④ 378 ⑤ 736
⑥ 210 ⑦ 23 ⑧ 132 ⑨ 0 ⑩ 105
⑪ 234 ⑫ 161 ⑬ 300 ⑭ 120 ⑮ 240
⑯ 132 ⑰ 232 ⑱ 432 ⑲ 540 ⑳ 156

제14회

41쪽 _ 1교시

① 38 ② 30 ③ 26 ④ 39 ⑤ 35
⑥ 32 ⑦ 37 ⑧ 30 ⑨ 35 ⑩ 36

42쪽 _ 2교시

① 168 ② 188 ③ 118 ④ 174 ⑤ 129
⑥ 117 ⑦ 164 ⑧ 163 ⑨ 129 ⑩ 141

43쪽 _ 3교시

① 568 ② 282 ③ 360 ④ 333 ⑤ 186
⑥ 80 ⑦ 140 ⑧ 342 ⑨ 80 ⑩ 126
⑪ 203 ⑫ 64 ⑬ 200 ⑭ 0 ⑮ 246
⑯ 144 ⑰ 168 ⑱ 120 ⑲ 370 ⑳ 416

제15회

44쪽 _ 1교시

① 37 ② 27 ③ 35 ④ 36 ⑤ 36
⑥ 39 ⑦ 45 ⑧ 38 ⑨ 38 ⑩ 28

45쪽 _ 2교시

① 194 ② 119 ③ 128 ④ 177 ⑤ 167
⑥ 139 ⑦ 109 ⑧ 168 ⑨ 127 ⑩ 201

46쪽 _ 3교시

① 468 ② 129 ③ 679 ④ 172 ⑤ 160
⑥ 468 ⑦ 400 ⑧ 129 ⑨ 148 ⑩ 576
⑪ 420 ⑫ 174 ⑬ 106 ⑭ 0 ⑮ 91
⑯ 100 ⑰ 266 ⑱ 486 ⑲ 360 ⑳ 368

제16회

47쪽 _ 1교시

① 32 ② 30 ③ 32 ④ 36 ⑤ 35
⑥ 32 ⑦ 37 ⑧ 37 ⑨ 37 ⑩ 39

48쪽 _ 2교시

① 134 ② 122 ③ 209 ④ 87 ⑤ 117
⑥ 156 ⑦ 194 ⑧ 108 ⑨ 179 ⑩ 188

49쪽 _ 3교시

① 738 ② 105 ③ 172 ④ 300 ⑤ 603
⑥ 210 ⑦ 82 ⑧ 0 ⑨ 203 ⑩ 380
⑪ 252 ⑫ 240 ⑬ 664 ⑭ 204 ⑮ 720
⑯ 316 ⑰ 320 ⑱ 776 ⑲ 246 ⑳ 20

제17회

50쪽_ 1교시
① 34 ② 43 ③ 46 ④ 38 ⑤ 20
⑥ 37 ⑦ 42 ⑧ 39 ⑨ 34 ⑩ 22

51쪽_ 2교시
① 159 ② 119 ③ 114 ④ 154 ⑤ 189
⑥ 137 ⑦ 174 ⑧ 168 ⑨ 146 ⑩ 197

52쪽_ 3교시
① 560 ② 168 ③ 76 ④ 154 ⑤ 336
⑥ 270 ⑦ 702 ⑧ 150 ⑨ 0 ⑩ 26
⑪ 406 ⑫ 152 ⑬ 240 ⑭ 846 ⑮ 308
⑯ 430 ⑰ 224 ⑱ 270 ⑲ 180 ⑳ 232

제18회

53쪽_ 1교시
① 39 ② 37 ③ 49 ④ 41 ⑤ 40
⑥ 37 ⑦ 39 ⑧ 40 ⑨ 36 ⑩ 31

54쪽_ 2교시
① 129 ② 137 ③ 196 ④ 188 ⑤ 111
⑥ 194 ⑦ 143 ⑧ 137 ⑨ 201 ⑩ 206

55쪽_ 3교시
① 486 ② 120 ③ 192 ④ 320 ⑤ 432
⑥ 376 ⑦ 320 ⑧ 57 ⑨ 210 ⑩ 558
⑪ 380 ⑫ 230 ⑬ 111 ⑭ 320 ⑮ 133
⑯ 837 ⑰ 56 ⑱ 0 ⑲ 164 ⑳ 420

제19회

56쪽_ 1교시
① 30 ② 40 ③ 40 ④ 39 ⑤ 40
⑥ 38 ⑦ 45 ⑧ 39 ⑨ 43 ⑩ 36

57쪽_ 2교시
① 116 ② 124 ③ 176 ④ 154 ⑤ 197
⑥ 184 ⑦ 208 ⑧ 175 ⑨ 218 ⑩ 117

58쪽_ 3교시
① 210 ② 464 ③ 272 ④ 648 ⑤ 282
⑥ 450 ⑦ 108 ⑧ 120 ⑨ 574 ⑩ 96
⑪ 135 ⑫ 174 ⑬ 120 ⑭ 39 ⑮ 392
⑯ 0 ⑰ 415 ⑱ 248 ⑲ 568 ⑳ 560

제20회

59쪽_ 1교시
① 39 ② 40 ③ 39 ④ 34 ⑤ 35
⑥ 44 ⑦ 35 ⑧ 38 ⑨ 27 ⑩ 44

60쪽_ 2교시
① 124 ② 149 ③ 188 ④ 129 ⑤ 154
⑥ 188 ⑦ 169 ⑧ 176 ⑨ 184 ⑩ 232

61쪽_ 3교시
① 237 ② 144 ③ 490 ④ 498 ⑤ 207
⑥ 0 ⑦ 273 ⑧ 68 ⑨ 210 ⑩ 336
⑪ 52 ⑫ 445 ⑬ 120 ⑭ 225 ⑮ 180
⑯ 360 ⑰ 142 ⑱ 180 ⑲ 350 ⑳ 192

제21회

62쪽_ 1교시
① 35 ② 34 ③ 45 ④ 48 ⑤ 36
⑥ 40 ⑦ 39 ⑧ 32 ⑨ 35 ⑩ 40

63쪽_ 2교시
① 148 ② 196 ③ 137 ④ 159 ⑤ 168
⑥ 154 ⑦ 189 ⑧ 186 ⑨ 177 ⑩ 184

64쪽_ 3교시
① 200 ② 189 ③ 282 ④ 801 ⑤ 0
⑥ 320 ⑦ 455 ⑧ 186 ⑨ 36 ⑩ 49
⑪ 74 ⑫ 564 ⑬ 192 ⑭ 60 ⑮ 540
⑯ 602 ⑰ 378 ⑱ 316 ⑲ 162 ⑳ 250

제22회

65쪽_ 1교시
① 38 ② 42 ③ 38 ④ 30 ⑤ 37
⑥ 35 ⑦ 34 ⑧ 41 ⑨ 29 ⑩ 38

66쪽_ 2교시
① 113 ② 127 ③ 149 ④ 139 ⑤ 145
⑥ 113 ⑦ 186 ⑧ 109 ⑨ 197 ⑩ 139

67쪽_ 3교시
① 132 ② 630 ③ 168 ④ 150 ⑤ 168
⑥ 141 ⑦ 160 ⑧ 399 ⑨ 78 ⑩ 420
⑪ 312 ⑫ 630 ⑬ 340 ⑭ 102 ⑮ 258
⑯ 405 ⑰ 480 ⑱ 483 ⑲ 45 ⑳ 0

제23회

68쪽_ 1교시
① 35 ② 42 ③ 32 ④ 44 ⑤ 33
⑥ 38 ⑦ 37 ⑧ 37 ⑨ 34 ⑩ 38

69쪽_ 2교시
① 129 ② 147 ③ 145 ④ 139 ⑤ 208
⑥ 145 ⑦ 198 ⑧ 150 ⑨ 161 ⑩ 122

70쪽_ 3교시
① 350 ② 204 ③ 292 ④ 150 ⑤ 182
⑥ 355 ⑦ 280 ⑧ 98 ⑨ 612 ⑩ 372
⑪ 280 ⑫ 92 ⑬ 171 ⑭ 351 ⑮ 336
⑯ 0 ⑰ 468 ⑱ 216 ⑲ 90 ⑳ 93

제24회

71쪽_ 1교시
① 34 ② 45 ③ 44 ④ 35 ⑤ 34
⑥ 40 ⑦ 37 ⑧ 31 ⑨ 40 ⑩ 34

72쪽_ 2교시
① 193 ② 118 ③ 188 ④ 158 ⑤ 120
⑥ 168 ⑦ 169 ⑧ 129 ⑨ 175 ⑩ 138

73쪽_ 3교시
① 630 ② 200 ③ 252 ④ 399 ⑤ 182
⑥ 405 ⑦ 195 ⑧ 312 ⑨ 360 ⑩ 344
⑪ 0 ⑫ 132 ⑬ 400 ⑭ 225 ⑮ 294
⑯ 384 ⑰ 62 ⑱ 26 ⑲ 348 ⑳ 420

제25회

74쪽_ 1교시
① 38 ② 42 ③ 33 ④ 39 ⑤ 30
⑥ 32 ⑦ 37 ⑧ 49 ⑨ 34 ⑩ 39

75쪽_ 2교시
① 136 ② 196 ③ 117 ④ 145 ⑤ 135
⑥ 170 ⑦ 110 ⑧ 169 ⑨ 198 ⑩ 134

76쪽_ 3교시
① 76 ② 450 ③ 204 ④ 392 ⑤ 80
⑥ 260 ⑦ 387 ⑧ 124 ⑨ 0 ⑩ 140
⑪ 168 ⑫ 258 ⑬ 200 ⑭ 99 ⑮ 135
⑯ 56 ⑰ 395 ⑱ 140 ⑲ 480 ⑳ 243